BEI GRIN MACHT SICH IHR WISSEN BEZAHLT

- Wir veröffentlichen Ihre Hausarbeit, Bachelor- und Masterarbeit

- Ihr eigenes eBook und Buch - weltweit in allen wichtigen Shops

- Verdienen Sie an jedem Verkauf

Jetzt bei www.GRIN.com hochladen und kostenlos publizieren

GRIN

Bibliografische Information der Deutschen Nationalbibliothek:

Die Deutsche Bibliothek verzeichnet diese Publikation in der Deutschen National-
bibliografie; detaillierte bibliografische Daten sind im Internet über http://dnb.d-
nb.de/ abrufbar.

Impressum:

Copyright © 2009 GRIN Verlag, Open Publishing GmbH
Druck und Bindung: Books on Demand GmbH, Norderstedt Germany
ISBN: 978-3-668-12315-1

Dieses Buch bei GRIN:

http://www.grin.com/de/e-book/130933/esd-schutz-physikalischer-hintergrund-und-
praktische-anwendung

Wolf-Dieter Schmidt

ESD-Schutz. Physikalischer Hintergrund und praktische Anwendung

GRIN Verlag

ESD Schutz

physikalischer Hintergrund
und
praktische Anwendung

Dipl.-Ing. Wolf-Dieter Schmidt

Inhaltsverzeichnis

1. Einleitung

Die immer kleiner werdenden Strukturen der Halbleiter lassen diese immer empfindlicher gegen hohe Spannungen werden. Parallel dazu hat die fortschreitende Verwendung von Kunststoffen in allen Bereichen des täglichen Lebens (Verpackungen, Raumeinrichtungen, Bekleidung, ...) zu einem immer höher werdenden Risiko von elektrostatischen Aufladungen mit Spannungen weit über 10.000 Volt geführt.

Daher sind im handwerklichen wie industriellen Umfeld entsprechende Schutzmaßnahmen zwingend notwendig. Aber auch bei heimischen Anwendungen, z.B. dem Austausch von Modulen in PCs, muss auf angemessene Schutzmaßnahmen geachtet werden.

Hiermit soll ein Leitfaden zum Verständnis der ESD-Problematik vorgelegt werden, in dem zunächst in groben Zügen der physikalische Hintergrund aufgezeigt und dann auch Anleitungen zum praktischen Schutz vor ESD-Schäden gegeben werden. Zur Vertiefung sei auf die Literatur ([1], [2]) sowie auf die einschlägigen Normen ([4] – [7]) verwiesen.

Im im industriellen Bereich sind Verantwortliche (ESD-Koordinator, ESD-Beauftragter) zu benennen, die für die Umsetzung der Regeln und deren Überprüfung an Hand des ESD-Kontrollplans sowie die Schulung der Mitarbeiter verantwortlich sind (siehe [4]). Zur Information dieser Personen kann dieser Leitfaden auch als Grundlage dienen.

2. Begriffe & Kennzeichnung

Einige der in Verbindung mit ESD üblichen Abkürzungen sind:

EBP
EPA-Erdungspunkt
Festgelegter Punkt an dem eine EPA-Ausrüstung (z.B. Armband) angeschlossen werden darf. Dieser wird z.B. als Bananenbuchse oder Druckknopf ausgeführt.

EPA
ESD-Schutzzone, Bereich in dem ESDS mit akzeptablem Schädigungsrisiko durch elektrostatische Entladungen oder Felder gehandhabt werden können. **Alle Mitarbeiter, die in diesem Bereich mit Bauteilen oder an Baugruppen arbeiten, haben eine angemessene Schutzausrüstung zu tragen.**

EPA-Erde
das im Arbeitsbereich eingerichtete einheitliche Potential, darf mit dem Schutzleiter des Stromnetzes verbunden werden

ESDS
elektrostatisch empfindliches Teil bzw. Teile
[„electrostatic discharge sensitive(s)"]

3.   Physikgrundlagen

Die für die folgenden Betrachtungen wichtigen physikalischen Größen sind in Tab. 1 aufgeführt.

Tab. 1:   physikalische Größen

physik. Größe	Formelzeichen	Einheit	Umrechnungen
Strom	I	Ampere	
Spannung	U	Volt	
Widerstand	R	Ohm	$1\,\Omega = 1\,V\,/\,A$
Ladung	Q	Coulomb	$1\,C = 1\,A{*}s$
Kapazität	C	Farad	$1\,F = 1\,C\,/\,V = 1\,A * s\,/\,V$
Leistung	P	Watt	$1\,W = 1\,V * A$
Energie	W	Joule	$1\,J = 1\,W * s = 1\,V * A * s$
Arbeit			
Elementarladung (Ladung eines Elektrons)	e		$1{,}6 * 10^{-19}\,A{*}s$

Zum Verständnis der Funktion der elektrostatischen Aufladung ist es hilfreich, die Bedeutung der physikalischen Größen „Energie" und „Arbeit" zu veranschaulichen. Eine Erklärung am einfachen Beispiel ist die: wenn man Arbeit leistet, um eine Menge Wasser in einen hoch gelegenen Behälter zu pumpen, dann nimmt das Wasser einen höheren Zustand an potentieller Energie an und kann beim Herunterfließen Arbeit verrichten (physikalischer Hintergrund eines Pumpspeicher-Elektrizitätswerkes).

Einige der später zu betrachtenden Größen sind sehr klein oder sehr groß, so dass zwecks Übersichtlichkeit besser die üblichen Präfixe (siehe Tab. 2) verwendet werden.

Tab. 2:   Vergrößerungs- bzw. Verkleinerungspräfixe:

Silbe	Giga	Mega	Kilo	Milli	Mikro	Nano	Piko
Zeichen	G	M	k	m	µ	n	p
Faktor	10^{9}	10^{6}	1.000	0,001	10^{-6}	10^{-9}	10^{-12}

Wie später aufgezeigt wird, sind auch ein paar elektrische Größen des menschlichen Körpers von Bedeutung. Die Werte in Tab. 3 können dabei nur als grobe Anhaltswerte betrachtet werden, da sie vielen Einflüssen unterliegen.

Tab. 3: elektrotechnische Daten des menschlichen Körpers

Kapazität des menschlichen Körpers:	ca. 100 ... 300 pF
Innenwiderstand der Extremitäten:	ca. 0,6 ... 1,2 kΩ
Innenwiderstand des menschlichen Körpers:	ca. 2 ... 12 kΩ

Bei Betrachtung unter dem Aspekt ESD stellt der Mensch in erster Näherung eine Reihenschaltung aus Kondensator und Widerstand dar !

noch ein bisschen Physik:

ein Strom von 1 nA transportiert: $\quad 6,25 * 10^{9}$ Elektronen / s

die Spannung am Kondensator:

$$U = \frac{Q}{C}$$

im Kondensator gespeicherte Energie:

$$W = \frac{1}{2} * C * U^2 = \frac{1}{2} * Q * U$$

Schlussfolgerungen daraus:

- ➢ Um einen Menschen zur gefährlichen ESD-Spannungsquelle zu machen, muss er elektrische Ladungen „aufgeladen" bekommen.

- ➢ Den „Kondensator Mensch" elektrisch zu laden bedeutet physikalisch dort Energie zu speichern. Dazu muss Arbeit geleistet werden - in der Regel in Form von Bewegung. Das ist im Sinne der Physik ein ähnlicher Vorgang wie beim zuvor beschriebenen Pumpspeicher-Elektrizitätswerk.

4. Materialeigenschaften

4.1. metallische Leiter

Im metallischen Körper befinden sich freie und sehr bewegliche negativ geladene Elektronen als „Elektronengas". Diese Elektronen haben sich aus dem Kristallgitter gelöst und dort befinden sich nun genau so viele „Ladungslöcher" wie frei bewegliche Elektronen. Diese „Löcher" wirken wie positive Ladungen. Es gibt gleich viele negative wie positive Ladungen → der Metallkörper ist elektrisch neutral (Abb. 1).

Im elektrischen Feld trennen sich Elektronen und „Ladungslöcher" (→ Influenz, Abb. 2).

Teilt man den metallischen Körper, so teilen sich die Ladungen auf Grund der extrem hohen Beweglichkeit der Elektronen entsprechend auf (Abb. 3) – in beiden Teilkörpern gibt es gleich viele positiv wie negativ geladene Ladungsträger, d.h. jeder ist nach Beseitigung des elektrischen Feldes wieder für sich neutral.

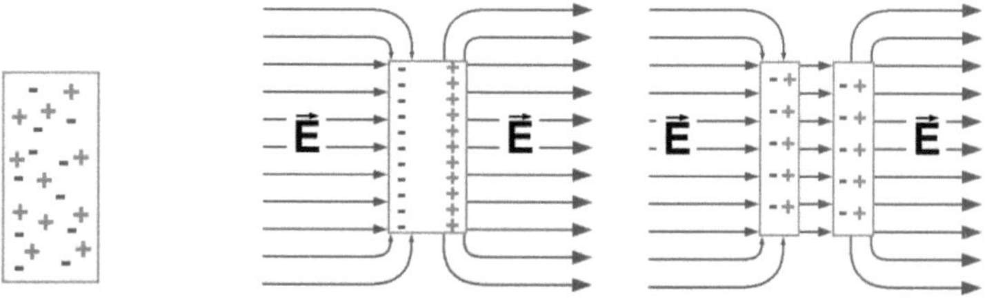

| **Abb. 1:** neutraler Leiter | **Abb. 2:** Influenz | **Abb. 3:** Leitertrennung |

4.2. Isolatoren

Auch bei nicht leitenden Stoffen gibt es freie Elektronen und zugehörige „Löcher", wenngleich nicht so viele wie bei den metallischen Leitern.

Werden die Ladungsträger durch zugeführte (Bewegungs-)Energie getrennt (Abb. 4) und anschließend auch noch die Materialien als Träger der Ladungen, dann entsteht ein geladener Kondensator und daher eine Spannung (Abb. 5) gegenüber der zuvor abgetrennten Fläche (**triboelektrischer Effekt**). Die geringe Beweglichkeit der Ladungsträger im Isolator verhindert hier den Ausgleich der Ladungen wie das beim metallischen Leiter der Fall ist. Auf Grund des recht geringen Innenwiderstandes des menschlichen Körpers gibt es keine Spannungsunterschiede zwischen verschiedenen Körperteilen.

← **Abb. 4:**
Ladungstrennung bei Isolatoren, z.B. laufen mit Schuhen mit Gummisolen auf Kunstfaser-Teppich

Abb. 5:→
Spannungsaufbau nach Ladungstrennung

Grafiken aus [1]

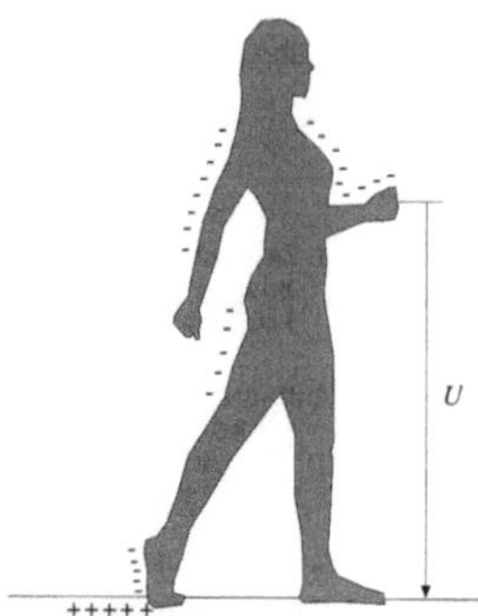

Wie stark die Aufladung ausfällt, hängt unter anderem von den Materialeigenschaften der (beiden) beteiligten Isolationsmaterialien ab, welche sich beim gegeneinander Reiben und Trennen negativ bzw. positiv aufladen. Je weiter die beiden Stoffe in den Reihen der Tab. 4 von einander entfernt sind um so stärker ist der Effekt.

Tab. 4:   materialabhängige Wirksamkeit des triboelektrischen Effektes

	Angaben aus [1]	*Angaben aus [6]*
+	Haare (Katzenfell, Fuchsschwanz)	menschlicher Körper
		Glas
	Glas	Glimmer
		Polyamid
	Wolle	Wolle
		Fell
	Papier	Seide
		Aluminium
	Seide	Papier
		Baumwolle
	Kautschuk	Stahl
		Holz
		Hartgummi
	Harze (Siegellack, Hartgummi)	Polyester (→ in Bekleidung, Folien f. Overheadprojektion)
	Bernstein	Polyethylen (→ Verpackungsbeutel)
		PVC
–	Schwefel	PTFE (→Teflon)

Dieser Effekt wurde schon Anfang des 20. Jahrhunderts beschrieben ([9]).
Ein weiterer Einfluss ist die Luftfeuchtigkeit – je feuchter die Luft ist, um so geringer wird sich ein Material aufladen. Feuchte und immer vorhandene Ablagerungen (Staub, Chemikalienrückstände usw.) bilden eine schwach leitende Schicht. Tab. 5 zeigt den Einfluss für einige Beispielmaterialien.

Tab. 5:   Abhängigkeit der Aufladung von Material und Luftfeuchte (aus [3])

Aufladungsquelle	Aufladung bei Luftfeuchtigkeit..	
	10 ... 20 %	**65 ... 90 %**
Laufen über Teppich	35.000 V	1.500 V
Laufen über Linoleum	12.000 V	250 V
Arbeiten an einer Werkbank	6.000 V	100 V
Papiere in Kunststoffhülle	7.000 V	600 V
Kunststoffbeutel	20.000 V	1.200 V
gepolsterter Stuhl	18.000 V	1.500 V

5.   elektrische Entladung

5.1.   Strompuls

Was geschieht bei der Entladung eines elektrostatisch aufgeladenen Menschen bei direktem Kontakt zur Erdung ? Abb. 6 zeigt das elektrische Ersatzschaltbild eines solchen Vorgangs und Abb. 7 die Entladekurve.

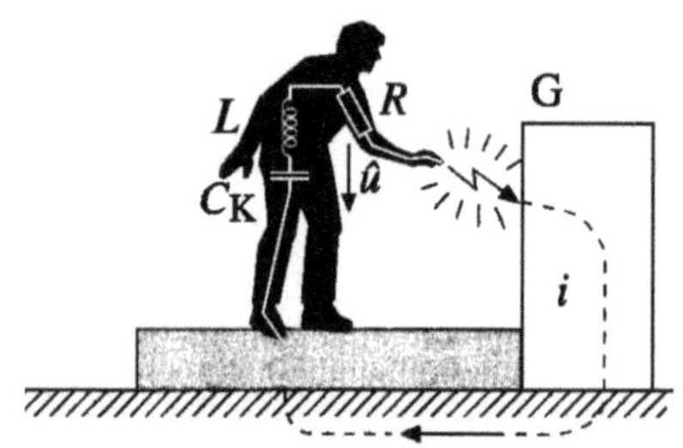

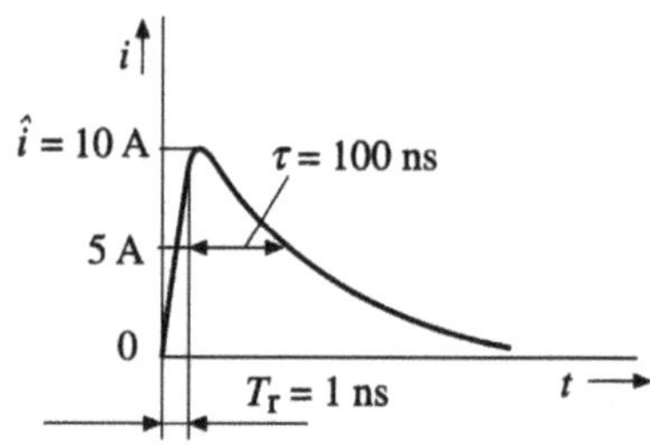

Abb. 6:   „harte Entladung" [1]
typische Eckwerte:
$\hat{u}$ = 10.000 V,
C_K = 150 pF, L = 0,7 µH,
R = 1 kΩ

Abb. 7:   Entladekurve zu Abb. 6 [1]

Wesentliche Merkmale des Strompulses:

> ➤ extrem schneller Anstieg und sehr kurze Dauer

> ➤ hohe Stromspitze → „Schweißstrom"

zum Vergleich:

> ➤ Ein Blitzlichtgerät zum Fotografieren leuchtet mehr als 1.000 mal länger als der Strompuls breit ist.

> ➤ Die im Kondensator gespeicherte Energie beträgt lediglich:
> W = 0,5 * 150 * 10^{-12} *$(10^4)^2$ J = 7,5 mJ
> Eine rote LED mit 20 mA Strom brennt mit gleicher Energie 0,2 s lang

5.2.   Auswirkung auf Bauteile

Je nach den Randbedingungen kann sowohl die hohe Spannung oder der sich einstellende Entladestrom Schaden anrichten.

> ➤ „Schweißstrom" verdampft Material

> ➤ hohe Spannung durchschlägt Isolationsschichten

schlimmstes Szenarium:
> *Das Bauteil funktioniert bei der Fertigungsprüfung in der Fabrik und fällt nach kurzer Betriebszeit beim Kunden aus !*

Abb. 8 zeigt Beispiele von Schäden, die durch ESD-Einwirkung entstanden sind.

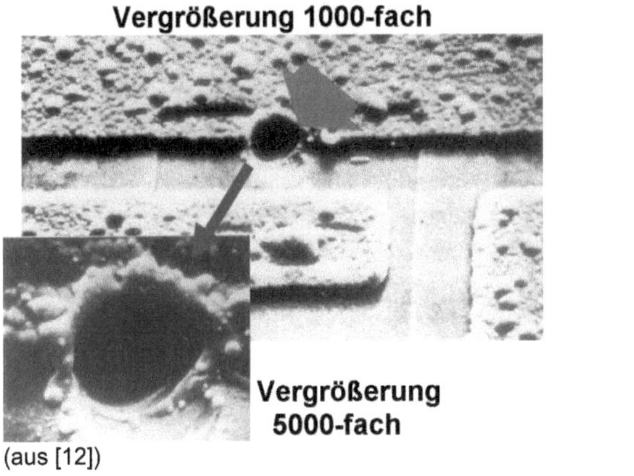

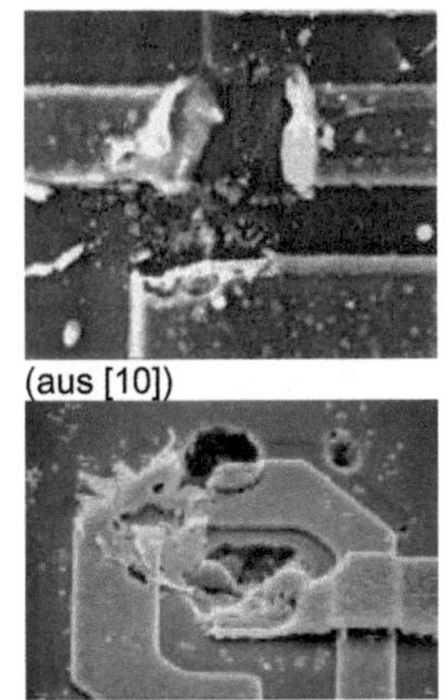

Abb. 8:   Schäden durch ESD-Wirkung
links: Spannungsdurchschlag, rechts: Material durch Stromstoß verdampft

6.   Vorbeuge-Maßnahmen gegen ESD-Schäden

6.1.   Übersicht

Verhinderung von ESD-Schäden durch ...

> Verhinderung elektrostatischer Aufladung bzw.

> kontrollierte Entladung

Maßnahmen:

> ESD-gerechte Arbeitsbereiche (EPA) einrichten

> persönliche Ausrüstung benutzen

> Verwendung geeigneter Verpackungs- und Transportmittel

> richtiges Verhalten

> optional: Raumklimatisierung → Luftfeuchtigkeit auf min. 50% halten

> optional: Ionisierung der Raumluft

6.2. geschützter Arbeitsbereich (EPA)

Anforderungen an die EPA (ESD-Protected Area):

> Die Handhabung von ESDS (*„electrostatic discharge sensitive(s)"* = *gegen elektrostatische Entladung empfindliches Teil*) ohne Abdeckung oder Verpackung, die gegen ESD schützt, muss in einer EPA erfolgen.

> Warnhinweise, die auf die Existenz einer EPA hinweisen, müssen aufgestellt werden und für das Personal vor dem Zutritt zur EPA gut sichtbar sein.

> Eine EPA kann zum Beispiel aus einem Gebäude, einem ganzen Raum oder einem einzelnen Arbeitsplatz bestehen.

> Besteht die EPA aus einem Raum oder Gebäude(teil), so sind auch gut sichtbare Hinweise auf das Verlassen der EPA aufzustellen.

> Der Zugang zur EPA muss auf Personal begrenzt werden, das eine entsprechende ESD-Schulung absolviert hat. Ungeschulte Einzelpersonen müssen von geschultem Personal begleitet werden, während sie in der EPA sind.

> Alle unnötigen Isolatoren (Kunststoffe und Papier) sowie Kaffeetassen, Brotzeitdosen und persönliche Gegenstände müssen von Arbeitsplätzen, an denen ungeschützte ESDS gehandhabt werden, entfernt werden.

Die Anforderungen, die sich aus der Anwendung der angeführten Normen ergeben, sind in Tab. 6 zusammengestellt. Aus den Angaben der Norm ([4]), die nur einen Höchstwert für den Ableitwiderstand von Böden usw. angibt, geht ganz klar hervor, dass z.B. in einem Fertigungsbereich, in dem keine Baugruppen elektrisch betrieben werden, auch metallische Fußböden zulässig sind. In einem solchen Bereich ist kein besonderer Personenschutz hinsichtlich Stromschlag nötig. Das ist eine logische Konsequenz der Tatsache, dass alle großen Maschinen (Bestücker, Lötöfen,...) über eine harte Erdung am Schutzleiter verfügen (müssen!).

Tab. 6:   **Anforderungen an die EPA**

ESD-Kontroll-Element 1.)	Ableitwiderstand zur Erde	
	Maximalwert bezügl. ESD-Schutz 2.)	Mindestwert für Personenschutz 3.)
Arbeitsoberflächen	< 1 GΩ	50 kΩ { 100 kΩ }
Lagerregale, Transportwagen	< 1 GΩ	
Bodenbelag	< 1 GΩ	50 kΩ { 100 kΩ }
Sitzgelegenheit	< 10 GΩ	50 kΩ { 100 kΩ }

1.) Wird nur ein definierter Arbeitsplatz z.B. in einem Lagerbereich als EPA ausgewiesen, so müssen die umliegenden Einrichtungsgegenstände nicht unbedingt diesen Anforderungen entsprechen.

2.) Auszüge aus [4], Tabelle 3

3.) An Arbeitsplätzen, an denen Baugruppen usw. an Betriebsspannungen angeschlossen werden (z.B. Prüfplätze), müssen angemessen große Schutzwiderstände eingebaut sein. Mindestwerte lt. [7] für Betriebsspannungen bis 500 V (DC bzw. AC), Werte in { } bis 1500 V (DC) bzw. 1000 V (AC) - i.d.R. deutlich höher: Empfehlung in [6]: 1 MΩ

Abb. 9: **ESD-Grundsymbol**
(nach [5])

Abb. 10: **Kennzeichnungen einer EPA**
(nach [5])

Die Abb. 9 bis 13 zeigen die in der älteren Normausgabe noch dargestellten und immer noch üblichen Symbole mit schwarzem Druck auf gelbem Grund (Ausnahme Abb. 13). Abb. 11 stellt das Symbol für einen Sonderfall dar: eine EPA in der hohe Spannungen offen zugänglich sind. Hier müssen besondere Schutzmaßnahmen entsprechend der berufsgenossenschaftlichen Vorgaben angewendet werden ([8]).
Der Hinweis auf das Verlassen der EPA (Abb. 13) soll darauf aufmerksam machen, dass außerhalb die Schutzmaßnahmen (z.B. das noch zu beschreibende System *„Person – Schuhwerk – Boden"*) nicht mehr gegeben sind.

Abb. 11: **Hinweis auf eine EPA mit offen zugänglicher Hochspannung**
(nach [5])

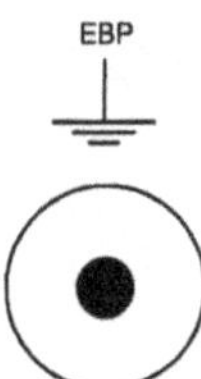

Abb. 12: **EPA-Erdungspunkt**
(nach [5])

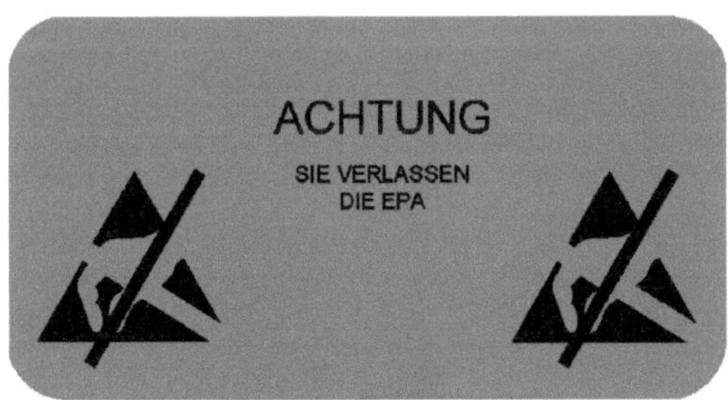

Abb. 13: **Hinweis auf das Verlassen der EPA abweichend von den anderen Schildern schwarzer Druck auf rotem Grund** (nach [5])

6.3.   persönliche Ausrüstung

Die persönliche Ausrüstung (Tab. 7) besteht aus verschiedenen Elementen. Eine Besonderheit ist das definierte System *„Person – Schuhwerk – Boden"* (vgl. Tab. 8), welches als Einheit beschrieben wird. Die sicherste Maßnahme ist das ESD-Armband. An Arbeitsplätzen mit der höchsten Gefährdungsstufe für Teile, d.h. dort wo Einzelhalbleiter oder integrierte Schaltungen als Einzelteile gehandhabt werden müssen, sollte das Armband Pflicht sein.

Tab. 7:   Elemente der persönlichen Ausrüstung

Element	Bemerkungen
Schuhe:	➢ spezielle Schuhe zum ESD-Schutz mit entsprechender Kennzeichnung *(Schuhsolen regelmäßig reinigen)* ➢ Erdungsstreifen an beiden (Straßen-)Schuhen *(nur ein Schuh mit Erdungsstreifen reicht nicht !)*
Armband:	➢ beste und sicherste Erdungsmethode
Spezialkleidung:	➢ wünschenswert zur Vermeidung von Aufladung ➢ Kleidung mit hohem Kunstfaseranteil sollte vermieden werden, Baumwolle ist gegenüber der Haut weniger aufladefähig und durch die Aufnahme von Hautschweiß leitfähiger und damit über den Menschen entladbar.

Tab. 8:   Prüfdaten zur persönlichen Ausrüstung

| ESD-Kontroll-Element | integrierter Widerstand | | Bemerkungen |
	Maximalwert bezügl. ESD-Schutz 1.)	Mindestwert für Personenschutz nach VDE 4.)	
Kabel zum Armband	$< 5\,M\Omega$	$50\,k\Omega$ { $100\,k\Omega$ }	oder anderer vom Anwender festgelegter Wert, Empfehlung in [6]: $1\,M\Omega$
Schuhwerk	$< 100\,k\Omega$		leitfähig 2.), 3.)
	$100\,k\Omega .. 100\,M\Omega$	$50\,k\Omega$ { $100\,k\Omega$ }	ableitfähig 2.), 4.)
System *„Person – Schuhwerk – Boden"*	$< 35\,M\Omega$	$50\,k\Omega$ { $100\,k\Omega$ }	
	$< 1\,G\Omega$	$50\,k\Omega$ { $100\,k\Omega$ }	bei Körperspannung $< 100V$

1.)   Auszüge aus [4], Tabelle 2

2.)   Widerstand des Schuhwerks zu einer gut leitenden mit Erde verbundenen Metallplatte

3.)   nur in Bereichen wo keine Betriebsspannungen vorhanden sind (z.B. reine Montageplätze) zulässig

4.)   Mindestwerte lt. [7] für Betriebsspannungen bis 500 V (DC bzw. AC), Werte in { } bis 1500 V (DC) bzw. 1000 V (AC) - i.d.R. deutlich höher (z.B. eingebaute Widerstände, vgl. Kap. 8)

6.4.   Wirkung von Schutzmaßnahmen

Die Auswirkungen von Schutzmaßnahmen zur kontrollierten Entladung sind in den Abb. 14 und 15 dargestellt. Dabei ist der Widerstand zur Erde im dargestellten R zusammengefasst. Als „Kondensator Mensch" sind nach oben abgeschätzte 300 pF (im Selbstversuch wurden 160 pF gemessen) angesetzt. Berechnet wurde die Zeit, die benötigt wird, um den Wert û bis auf die für MOS-Schaltung unkritischen 5 Volt abklingen zu lassen.

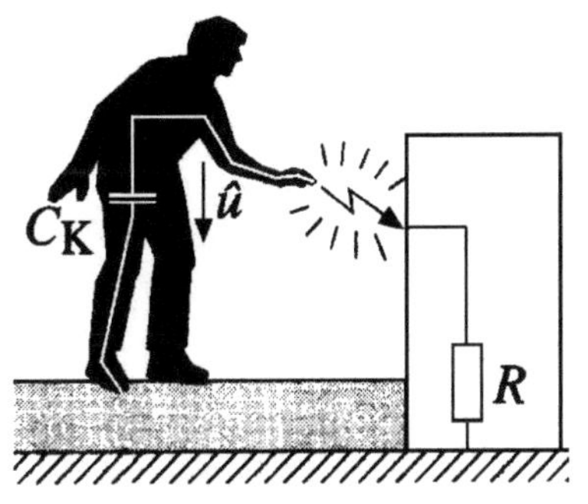

Abb. 14:   Ersatzschaltbild zur kontrollierten Entladung   **Abb. 15:   Abklingen der Spannung**

Die errechneten Werte (Tab. 9) zeigen selbst für extreme Spannungen und Kapazitäten sehr kurze Werte. Daher ist auch zu begründen, dass es selbst beim Betreten einer EPA im aufgeladenen Zustand kaum möglich ist, vor der Entladung auf unkritische Werte ein sensibles Teil zu erreichen und anzufassen.

Tab. 9:   Entladezeiten

û	t_e bei		
	C_K = 300pF / R = 1 GΩ τ = 300 ms	C_K = 300pF / R = 35 MΩ τ = 10,5 ms	C_K = 300pF / R = 1 MΩ τ = 0,3 ms
1 kV	1,6 s	56 ms	1,6 ms
5 kV	2,1 s	72 ms	2,1 ms
20 kV	2,5 s	87 ms	2,5 ms
35 kV	2,7 s	93 ms	2,7 ms

Eignung von Metalloberflächen als Kontakt zur Ableitung von Ladungen

Es gibt Veröffentlichungen, in denen behauptet wird, dass Aluminium sich nicht als Masseanschluss oder Schirm gegen statische Hochspannung eignen würde. Ursache sei die (natürliche) Oxydschicht an der Oberfläche. Dazu ist festzustellen, dass

> alle Metalle außer Platin, Gold, Silber und Palladium sich mit einer dünnen elektrisch isolierenden Oxydschicht gegen weitere Oxydation schützen,

> die hauchdünnen natürlichen Oxydschichten bei Kontakt zu einer hohen Spannung leitend werden (bekannt als „Fritter-Effekt"), ohne jedoch dabei irreversible Schäden zu erleiden (vgl. Tab. 10). Bewirkt wird das durch den Einfluss der dann anliegenden extrem hohen elektrischen Feldstärke.

Tab. 10:   isolierende Oxydschichten und deren Spannungsfestigkeiten

Material	Dicke der natürlichen Oxydschicht	Spannungsfestigkeit der Oxydschicht bei 100 kV/mm
technische Gläser (Referenzwert eines extrem spannungsfesten Materials)	*(1 mm)*	*bis zu 100 kV*
Aluminium	10...100 nm	1 ... 10 V
Edelstahl, Chrom	≈ 5 nm	≈ 0,5 V
Nickel	≤ 100 nm	≤ 10 V

Dazu passt die Lebenserfahrung:

Man kann leicht einen elektrischer Schlag beim Aussteigen aus dem Auto bekommen, wenn man die lackierte (!!) Karosserie berührt, obwohl doch der Lack selber ein Isolator ist. Aber auch da ist die Schichtdicke sehr gering, so dass kurzzeitig eine Leitfähigkeit entsteht.

7.   Verpackung

Geeignete Verpackungen werden mit dem schon gezeigten Symbol (Abb. 9), welches von einem Kreisabschnitt „umhüllt" ist, gekennzeichnet. Die Eigenschaften der Verpackungsmaterialien hinsichtlich der Eigenschaften zum Schutz vor ESD-Schäden wird durch Kennbuchstaben kenntlich gemacht (Tab. 11). Standardmäßig besteht das Symbol aus schwarzem Druck auf gelbem Grund. Aus Vereinfachungsgründen kehrt man bei aufgedruckter Kennzeichnung auf schwarzem Karton-Material die Farbfolge um (Abb. 16).
Leider werden immer wieder angeblich geeignete Verpackungsmaterialien mit abweichenden und bisweilen direkt irreführenden Kennzeichnungen (z.B. „AST" was als „antistatisch" gedeutet werden kann) angeboten, die sich aber beim Nachmessen der Leitwerte als ungeeignet erweisen.

Tab. 11: **Kennbuchstaben für Materialien ([4], [5])**

Bezeichnung	Kennbuchstabe	Oberflächen-widerstand #)	Bemerkungen
elektrostatisch ableitend	D	100 kΩ bis < 100 GΩ	für Verpackung von ESDS geeignet
elektrostatisch leitfähig	C	100 Ω bis < 100 kΩ	
elektrostatisch schirmend	S	nicht definiert	keine direkte Berührung mit ESDS zulässig
gering aufladbar	L	nicht definiert	

#)   Der sog. Oberflächenwiderstand ist eine Größe zur Charakterisierung von Materialien.

Abb.: 16: **Kennzeichnung der Verpackungen als für ESD-Schutz geeignet.**
An Stelle des Sterns wird der Kennbuchstabe lt. Tab. 11 gedruckt.
Erfüllt das Material mehrere Definitionen, so können auch mehrere
Buchstaben an Stelle des Sterns stehen ([5]).

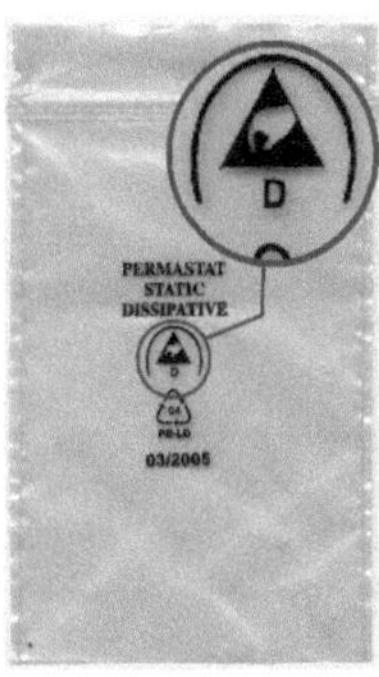
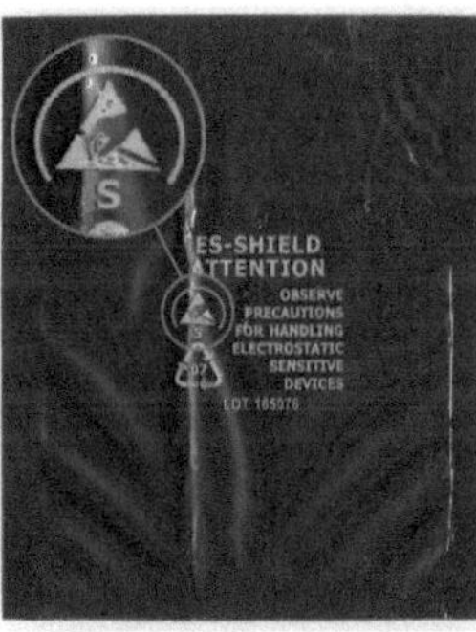

Abb. 17:
Beispiele von gekennzeichneten Verpackungstüten.

Üblicherweise werden Bauteile oder Module in einer Verpackung zum Schutz gegen
mechanische Beschädigung geliefert. Diese Umverpackung (meist Karton) muss selber nicht
den Anforderungen des ESD-Schutzes genügen, sofern die Teile selber geschützt verpackt
sind. Zur Kennzeichnung, dass diese Packung nur mit der nötigen Vorsicht geöffnet werden
darf, ist sie mit einem Aufkleber oder Aufdruck nach Abb. 18 zu versehen.

Abb. 18:
Warn-Aufkleber für Umverpackungen

8. Aufbau eines ESD-geschützten Arbeitsplatzes

leitfähige Matte / Tischoberfläche

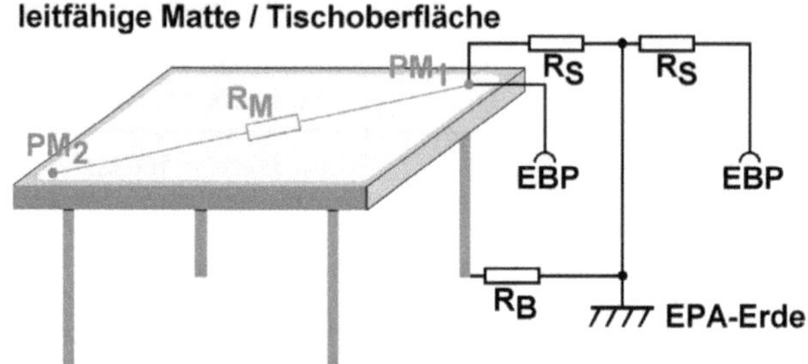

Abb. 19: prinzipieller Aufbau eines ESD-geschützten Arbeitstisches (nach [4] und [13])

R_S = Schutzwiderstand zwischen Tischplatte oder EBP und Erde

R_M = Widerstand der Tischplatte zwischen den entferntesten Messpunkten PM_1 und PM_2 – die Serienschaltung mit R_S muss den Anforderungen aus Tab. 6 genügen

R_B = Widerstand zwischen Messpunkt am Boden am Standort des Tischbeins und EPA-Erde (typ. > 10 MΩ)

Als „EPA-Erde" kann sowohl ein Fundamenterder als auch der Schutzleiter des öffentlichen Stromnetzes verwendet werden.
Der Schutzwiderstand kann (nach [7], vgl. Tab. 6) recht klein sein oder könnte bei bestimmten Arbeitsplätzen (nach [4]) sogar ganz entfallen. Einen guten Kompromiss, der für nahezu alle Applikationen anwendbar ist, stellt die Empfehlung (aus [6]) dar: $R_S = 1$ MΩ
Da R_B >> R_S ist, spielt es keine Rolle, ob das Tischgestell leitend mit der Tischplatte verbunden ist oder nicht – der effektiv wirksame Schutzwiderstand wird dadurch nur vernachlässigbar gering beeinflusst.
Beim Betrieb mit offen zugänglichen **hohen Spannungen in Prüffeldern und an Reparaturarbeitsplätzen** ist es üblich isolierende Fußböden einzubauen. Das verträgt sich nur sehr bedingt mit den Forderungen aus dem ESD-Schutz. In solchen Fällen ist sorgsam abzuwägen, ob der isolierende Fußboden überhaupt sinnvoll ist. In vielen Fällen werden die Hochspannungsquellen über die angeschlossenen Messgeräte (mit Schutzleiteranschluss) hart geerdet, so dass die **Gefährdung eines Stromschlages** nicht über den Weg *„Quelle-Mensch-Fußboden"* oder *„Quelle-Mensch-Armband"* erfolgt. Die **Gefahr besteht bei der gleichzeitigen Berührung der Hochspannungsquelle und eines Messgerätes** bzw. eines metallischen Steckerteils, welches mit dem Messgerät verbunden ist (z.B. BNC-Stecker). Bei derartigen Arbeitsplätzen ist die Ersatzschaltung des gesamten Aufbaus sorgfältig zu analysieren und dann müssen Lösungen entsprechend der Forderungen der berufsgenossenschaftlichen Vorschriften (§ 8 von [8]) gefunden werden.

Was kann man tun, wenn z.B. eine Steckkarte in einem PC eingebaut werden muss und dafür kein spezieller Arbeitsplatz Verfügung steht? Hier können nur ein paar Anregungen gegeben werden, die naturgemäß nicht den idealen Regeln entsprechen.
Es gibt ESD-Schutzmatten, die einfach auf einem normalen Tisch ausgebreitet und mittels Spezialstecker über eine Steckdose am Schutzleiter geerdet werden können. Wenn dann noch ein ESD-Armband verwendet wird sind sogar alle Regeln der Normen erfüllt.
Falls eine solche Matte nicht verfügbar ist, sollte das Geräte-Chassis mit einem geeigneten Kabel geerdet werden – **aber nicht über das Netzkabel! Gerät unbedingt vom Stromnetz trennen!**   Am Geräte-Chassis angeklemmtes ESD-Armband benutzen. Muss man empfindliche Teile ablegen, dann sollte das nur auf den geerdeten leitenden Chassis-Teilen geschehen – normale Tischplatten (mit Kunststoffoberfläche) sind dafür schlecht geeignet.

9. Messtechnik

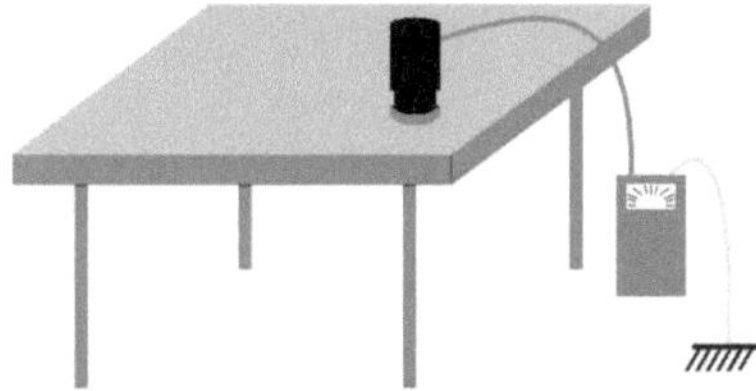

↑ **Abb. 18:** **Messprinzip**
(anwendbar für Tische, Stühle,
Regale, Fußböden)

Abb. 19: ➜
praktischer Messaufbau

⬅ **Abb. 20: Messsonde**

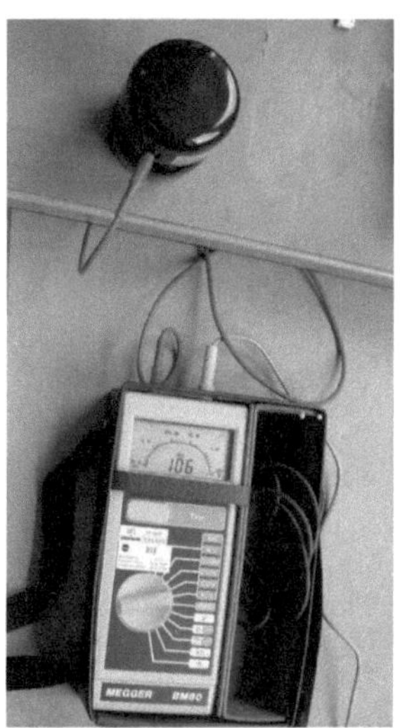

Die Messung an Tischen und Stühlen erfolgt nach folgendem Prinzip:

> ➢ definierte Norm-Messelektrode auf den Tisch, Stuhl etc. stellen

> ➢ über Kabel an (Spezial-)Ohm-Meter anschließen

> ➢ Ohm-Meter über zweites Kabel an Erde anschließen

> ➢ Testknopf drücken und Wert ablesen

Für die Prüfung der Armbandfunktion und der Ableitung über das (Spezial-)Schuhwerk gibt
es spezielle Prüfgeräte, die auf Tastendruck eine „gut" oder „schlecht" signalisieren (Abb. 21
und Abb. 22)

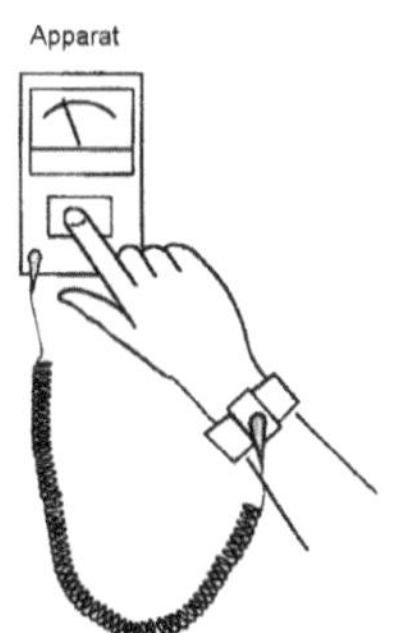

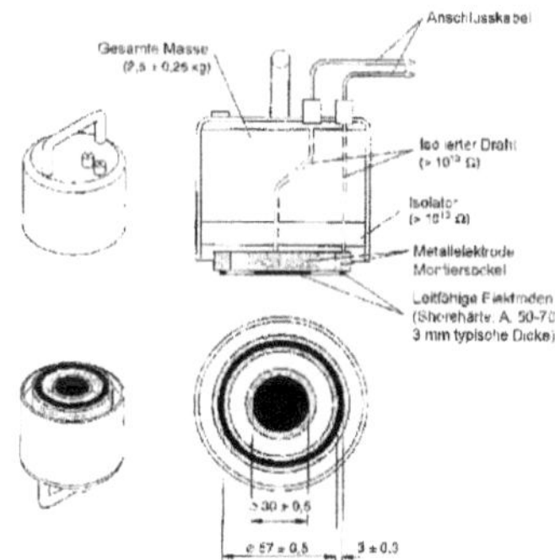

Abb. 21:
Armband-Test [4]

Abb. 22:
Schuh-Test gegen
(Metall-)Platte [4]

Abb. 23:
genormte Elektrode zur Messung
des Oberflächenwiderstandes [5]

10.   Referenzen

[1]   Berndt: „Elektrostatik", VDE-Verlag

[2]   „Leitfaden für ESD-Schutz", VDE-Verlag

[3]   Schulungsunterlagen von ESD-Consult & Service

[4]   DIN EN 61340-5-1 ≡ VDE 0300-5-1 (Juli 2008)

[5]   DIN EN 61340-5-1 ≡ VDE 0300-5-1 (August 2001)
       Anmerkung:
       Diese ältere Ausgabe ist vorläufig auch noch gültig. Sie enthält viele auch für die
       Praxis wichtige Details (z.B. die eingeführten Symbole), die in der neuen Ausgabe
       leider fehlen.

[6]   DIN EN 61340-5-2 ≡ VDE 0300-5-2

[7]   DIN EN 61140 ≡ VDE 0140-1 (speziell Absatz 5.2.7)

[8]   BGV A3 und Ausführungsbestimmungen zur BGV A3

[9]   Coehn / Raydt: „Über die quantitative Gültigkeit des Ladungsgesetzes für Dielektrika"
       in Nachrichten der Kgl. Gesellsch. der Wissensch. zu Göttingen, 31.Juli 1909

[10]   www.qualitäter.de/assets/images/a_ESD-Schaden.jpg

[11]   www.stat-x.biz/images/info/hintergrund3_nach_esd.jpg

[12]   IBM, MOS-Bauteil aus Vortrag Dr.-Ing. Bernd Schildwach, FED Berlin

[13]   IPC-A-610